BEI GRIN MACHT SICH IHR WISSEN BEZAHLT

Ulrike Schünemann

Bodenwasserhaushalt, Wasserleitfähigkeit, Saugspannung, Bodenluft

Geographische Arbeitsweisen

GRIN Verlag

Bibliografische Information der Deutschen Nationalbibliothek:

Die Deutsche Bibliothek verzeichnet diese Publikation in der Deutschen National-bibliografie; detaillierte bibliografische Daten sind im Internet über http://dnb.d-nb.de/ abrufbar.

Impressum:

Copyright © 2010 GRIN Verlag GmbH
Druck und Bindung: Books on Demand GmbH, Norderstedt Germany
ISBN: 978-3-640-83893-6

Dieses Buch bei GRIN:

http://www.grin.com/de/e-book/167269/bodenwasserhaushalt-wasserleitfaehigkeit-saugspannung-bodenluft

GRIN - Your knowledge has value

Der GRIN Verlag publiziert seit 1998 wissenschaftliche Arbeiten von Studenten, Hochschullehrern und anderen Akademikern als eBook und gedrucktes Buch. Die Verlagswebsite www.grin.com ist die ideale Plattform zur Veröffentlichung von Hausarbeiten, Abschlussarbeiten, wissenschaftlichen Aufsätzen, Dissertationen und Fachbüchern.

20.09.2010

Hausarbeit

Bodenwasserhaushalt, Wasserleitfähigkeit, Saugspannung, Bodenluft

Universität Hildesheim – Institut für Geographie

Physisch-Geographische Arbeitsweisen -SS 2010-

Name: Ulrike Schünemann

Inhaltsverzeichnis

Die vorliegende Arbeit thematisiert die pedogenetsichen Begriffe Bodenwassergehalt, Wasserleitfähigkeit, Saugspannung und Bodenluft. Die Begriffe werden zunächst im Einzelnen definiert und erläutert um anschließend auf Methoden zur Bestimmung verschiedener Werte einzugehen.

1.Bodenwasserhaushalt

1.1 Allgemeine Erläuterung des Begriffs

Dem Boden wird allgemein durch Niederschläge, dem Grundwasser und geringfügig durch Kondensationen aus der Atmosphäre Wasser zugefügt.

Als Bodenwasser wird jenes Wasser bezeichnet, welches im Boden, aufgrund von Bindungskräften, bis zu einer Temperatur von 105°C gespeichert wird. Wasser, welches darüber hinaus im Boden vorhanden ist, sind Kristallwasser und Bodenminerale. Das Wasser ist angereichert mit verschiedenen, gelösten Salzen und Gasen, die in ihren Anteilen und ihrer Zusammensetzung fortwährend variieren.

Die die Summe aus Bodenmatrix, die gasförmige Bodenphase und das Wasser bildet die drei Bodenphasen. Hierbei unterscheidet man die gesättigte und die ungesättigte Bodenzone. Die gesättigte Bodenzone befindet sich unter dem Grundwasser, während die ungesättigte Bodenzone, das Bodenwasser, darüber liegt. Dabei bildet der Kapillarwasserraum den Übergang.

Eine Charakterisierung des Bodenwassers erfolgt oftmals über die Bindungsart. So unterliegt das Bodenwasser bestimmten Bindungskräften der Bodenmatrix, also der festen Phase, die das Wasser gegen die Schwerkraft im Boden halten. Dementsprechend ist das in den Bodenporen enthaltene Wasser in seiner Bewegungskraft eingeschränkt, welche wiederum von verschiedenen Faktoren der Bindungsart abhängt.

Man unterscheidet die Bindungsarten Sickerwasser, Adsorptionswasser, Kapillarwasser und gebundenes Wasser.

Das Sickerwasser, oder auch Gravitationswasser, ist das Wasser, welches sich aufgrund der Erdanziehungskraft durch Infiltration durch den Boden und die Bodenporen zum Grundwasser gelangt. Es verbleibt somit nur kurz im Boden, ohne beispielsweise von Pflanzen genutzt werden zu können. Allerdings trägt es maßgeblichen Anteil zur Auswaschung und Wiederanreichung von Stoffen im Boden bei.

Beim Adhäsionswasser bzw. hygroskopischen Wasser wirkt die Bindung gegen die Schwerkraft. Dabei wird Wasser an der Oberfläche den Gesteinskörpern angelagert, ohne dabei Menisken[1] zu bilden. Ein Boden, der dadurch befeuchtet ist, kann kein Wasser abgegeben werden.

Als Kapillarwasser wird jenes Wasser bezeichnet, welches durch kapillare Saugkräfte vom Grundwasser angehoben wird. In Lehm- und Lössböden beispielsweise kann das Wasser so bis zu 400cm ansteigen. Das liegt daran, dass der Druck im Kapillarraum, geringer ist als der atmosphärische Druck. Je nachdem, wie weit die Poren im Kapillarraum mit Luft gefüllt sind, spricht man von offenem oder geschlossenem Kapillarwasser bzw. Kapillarsaugraum.

Gebundenes Wasser ist chemisch so stark an verschiedenen Mineralien des Bodens gebunden, dass es am wenigsten verfügbar ist, da es nur durch chemische Reaktionen gelöst werden kann.

Allgemein wird beim Bodenwasserhaushalt oder Bodenwassergehalt das Gleichgewicht zwischen Wasserbedarf, Wassernutzung und Wasserzufuhr berechnet. „Primäre Einflussfaktoren sind Temperatur und Luftfeuchte."[2] Hieraus ergeben sich direkte Einflussfaktoren, die für den Bodenwasser von Bedeutung sind.

In erster Linie trifft Wasser durch Niederschlag auf die Bodenoberfläche. Dieser führt zu verschiedenen Prozessen.

Infiltration oder Versickerung ist der Vorgang, bei dem der Boden Wasser von seiner Oberfläche absorbiert, das Wasser gelangt also in die Bodenzone (s. Gravitationswasser) Infiltration wird in mm oder cm pro Stunde gemessen.

Evapotranspiration ist ein wasserabgebendes Zusammenspiel von Verdunstung (Evaporation) und Transpiration. Das Wasser verdunstet zum Einen von der Bodenoberfläche und durch kleine Risse aus dem Boden. „Der zweite Prozeß der Wasserabgabe [Transpiration], geschieht dadurch, dass die Pflanzen durch ihr fein verästeltes Netz winziger Wurzeln aus dem Boden ziehen. Nachdem es durch stamm und Zweige hinauf die in Blätter transportiert worden ist, wird dieses Wasser durch die Spaltöffnungen der Blätter als Wasserdampf in die Atmosphäre abgegeben."[3] Grundsätzlich gilt, dass je höher die Temperaturen sind, desto höher ist auch die Evapotranspiration, bei kühlen Temperaturen dementsprechend entgegengesetzt, sodass der Boden über mehr Feuchtigkeit verfügt.

Perkolation findet statt, wenn überschüssiges Wasser vorhanden ist. Dabei verlässt das Wasser die Bodenzone zum Grundwasser. In dem Zusammenhang spricht man auch von gravitative Perkolation.

---

[1] Konkav gewölbte Wasseroberflächen
[2] McKnight et al. 2009, S.463
[3] Strahler et al. 2005, S. 204

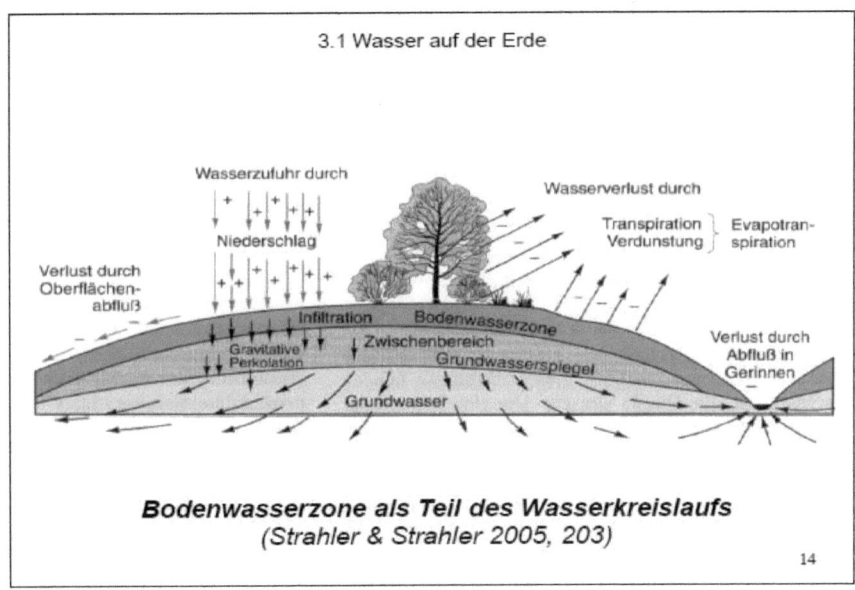

3.1 Wasser auf der Erde

Wasserzufuhr durch

Niederschlag

Wasserverlust durch

Transpiration ⎫ Evapotran-
Verdunstung ⎭ spiration

Verlust durch
Oberflächen-
abfluß

Infiltration   Bodenwasserzone

Gravitative   Zwischenbereich
Perkolation   Grundwasserspiegel

Verlust durch
Abfluß in
Gerinnen

Grundwasser

Bodenwasserzone als Teil des Wasserkreislaufs
(Strahler & Strahler 2005, 203)

14

M. Sauerwein 2009: Physische Geographie A. Universität Hildesheim

<u>**1.2 Methoden zur Bestimmung des Bodenwasserhaushaltes**</u>

Eine Methode zur Bodenwasserhaushaltsbestimmung „ist die *gravimetrische nach Trocknung* bei 105°C"[4]. Hierbei wird eine Bodenprobe bei 105° getrocknet. Durch die Ermittlung der Masse vor und nach dem Trocknen, kann durch die Differenz die Masse des Bodenwassers bestimmt werden. Die genaue Formel lautet:

$$W_G[\%] = [(G_f - G_t)/(G_t - T)] \times 100$$

W_G = Wassergehalt

G_f = Masse von Transportgefäß und Boden, erdfrisch

G_t = Masse von Transportgefäß und Boden, trocken

T = Tara: Leermasse des Transportgefäßes

Als Geräte sind dabei ein Transportgerät, eine Analysenwaage mit einer Genauigkeit von +/- 10mg, ein Wägeschälchen, ein Trockenschrank und ein Exsikkator mit Trockenmittel aufzulisten.

---

[4] Scheffer et al. 2002, S.211

5

Diese Methode lässt sich weiterhin anwenden, um den volumetrisches Wassergehalt zu ermitteln. Dabei wird die Bodenprobe anhand eines Stechzylinders entnommen, dessen Volumen zusätzlich bei der Berechnung berücksichtigt wird. Dementsprechend lautet die Formel:

$$WV = [(m_f - m_t) / V] \times 100$$

W = Wassergehalt
m_t = Masse der Stechzylinderprobe, erdfrisch
m_t = Masse der Stechzylinderprobe, trocken
V = Volumen

Diese Methode gilt zwar als genau und zuverlässig, erweist sich jedoch als hinderlich, um langfristige Beobachtungen zur Wasserhaushaltsveränderung anzustellen, da eine Bestimmung der Proben nur im Labor durchgeführt werden kann. Für diesen Zweck werden indirekte Methoden genutzt, wobei ein Messfühler im Boden installiert wird, der eine ständige Messung ermöglicht. Bei diesen Methoden konzentriert man sich auf die Weitergabe von unterschiedlichen Impulsen im Boden, in Abhängigkeit vom Bodenwassergehalt. Als Eichung dient dabei die gravimetrische Messung. Hinderlich bei diesen Methoden ist dabei zum Einen die Beschränkung auf eine bestimmte Fläche, zum Anderen die Notwendigkeit von hohen sicherheitstechnischen Anforderungen.

Bei der *Time-Domain-Refelktometrie-Methode (TDR)* werden elektromagnetische Impulse von einer Metallsonde durch den Boden geleitet. Bei diesem Verfahren wird die Abhängigkeit der Geschwindigkeit elektromagnetischer Wellen von der Dielektrizitätszahl (DEZ) des umgebenden Mediums genutzt. So verringert sich die Geschwindigkeit der Wellen, je höher die Dielektrizitätszahl des Mediums ist. Wasser hat eine DEZ von ca. 80, während die Zahl bei den übrigen Bodenbestandteilen bei unter 5 liegt. Somit lassen sich Unterschiede und Veränderungen des volumetrischen Wassergehalts an der Geschwindigkeit des elektromagnetischen Impulses ablesen.

Bei einmaliger Messung wird die Metallsonde soweit ins Profil einer Schürfgrube installiert, dass ihre Messstäbe ausnahmslos von der Bodenmatrix umgeben sind. Anschließend wird von einem mit der Messsonde verbundenem Oszillator ein Impuls versendet, welcher von den Messstäben reflektiert wird. Die Amplitude des reflektierten Impulses lässt auf den volumetrischen Wassergehalt schließen, der entweder direkt abgelesen oder berechnet werden kann.
Bei einer langfristigen Messung werden die Messstäbe fest im Boden eingebracht und die Messdaten langfristig aufgezeichnet.

Bei der *Lysimeter-Methode* wird ein Behälter so in den Boden 1 – 2 Meter tief eingebracht, dass der darin enthaltene Boden mit der Umgebungsoberfläche abschließt. Unter dem Behälter ist eine Wiegevorrichtung installiert, welche Gewichtsveränderung des Bodens aufzeichnet. Überschüssiges Wasser, welches vom Boden nicht mehr gehalten werden kann, kann dabei durch eine Vorrichtung abgelassen werden. Somit kann eine quantitative Ermittlung des Einflussfaktors Evapotranspiration stattfinden.

Bei dieser Methode unterscheidet man weiterhin wägbare Lysimeter von nicht-wägbaren Lysimetern. Bei dem wägbaren Lysimeter wird die absolute Evapotranspiration gemessen, während das nicht-wägbaren Lysimeter versickerndes Wasser bezüglich eines bestimmten Zeitraumes und eines bestimmten Bodenvolumens misst.

Die *Tensiometrie-Methode* beruht auf der Saugspannung von Wasser. Dabei wird ein poröser, wassergefüllter Tonbehälter in den Boden eingebracht. Der Boden entzieht dem Behälter das Wasser bis zur Sättigung. Dabei entsteht ein messbarer Druck im Behälter, welcher der Bodensaugspannung entspricht. „Ihr Verhältnis zum Wasservolumen des jeweiligen Bodens lässt sich im Labor ermitteln und in einer Saugspannungs-Wassergehalts-Kurve darstellen."[5]

Zunächst wird das Kunststoffrohr des Tensiometers ins Wasser gestellt und soweit mit Wasser gefüllt, bis „sich die poröse Zelle unmittelbar unter dem Wasserspiegel befindet. Danach wird die Ableseskala auf null gestellt"[6]. Danach wird das Gerät in den Boden eingebracht, wobei keine Tiefe vorgeschrieben ist. Sobald die Saugspannungswerte konstant sind, können diese, meist nach mehreren Stunden oder Tagen, abgelesen werden.

„Das Bodenwasser ist mit Zustands-und Ortsänderungen Bestandteil des Wasserkreislaufes. Die *erweiterte Wasserhaushaltsgleichung* drückt dieses aus:"[7]

N + (Z) = A + V + R

N = Wasserzufuhr durch Niederschlag
Z = Zufuhr aus dem Bodenkörper
A = Abfluss aus Einzugsgebiet
V = Verdunstung
R = Vorratsänderung[8]

---

[5] Barsch et al. 2000, S. 313
[6] Ebd.
[7] Kuntze et al. 1988, S. 262

2.Saugspannung

2.1 Allgemeine Erläuterung des Begriffs

„Die Saugspannung (Wasserspannung) gibt die Spannung an, mit der das Wasser in ungesättigten Boden gehalten wird. Es handelt sich hier vorwiegend um Adsorptions- und Kapillarwasser."[9] Als Einheit dafür dient mbar (hPa), gekennzeichnet wird der Wert in einem logarithmischen pF-Wert. Das „p" steht dabei für „Potenz", während das „F" „Freie Energie abkürzt. Dieser Wert wird eingesetzt, da die Saugspannungsbereiche sehr groß sind (o bis 15000 mbar). Von der Saugspannung lässt sich auf Porengröße, Wasserbewegung und Wasserspeicherung im Boden, der Faldkapazität und der Be-und Entwässerbarkeit des Bodens schließen. Wie schon bei der Methode der Tensiometrie erkennbar, geht die Ermittlung der Saugspannung mit der Ermittlung des Bodenwasserhaushalts einher.
Im Labor findet die Bestimmung anhand drei Methoden statt. Für die Wahl der Methoden ist der pF-Wert ausschlaggebend. Die Messergebnisse werden jedoch unabhängig von der gewählten Methode in einer Saugspannungs-Wassergehaltskurve gezeigt.

2.2 Methoden zur Bestimmung der Saugspannung

Bei der *Unterdruckmethode* wird die Wasserbindung im ungesättigten Boden etappenweise geändert. Sie wird bei einem pF-Wert von unter 2,2 verwendet. Die Analyse erfolgt dabei an einer ungestörten Bodenprobe, mit Hilfe eines Stechzylinders. Anhand einer Saugspannungsapparatur und einer Filterplatte wird ein Unterdruck hervorgerufen. Die Filterplatte ist von Nöten, da sie im wassergesättigten Zustand wasserdurchlässig und luftundruchlässig ist. Durch den vorhandenem Unterdruck wir dem Boden das Wasser entzogen und kann definiert werden.
Benötigte Geräte sind Stechzylinder, Vakuumkapillarimeter (Saugspannungsapparatur) mit Keramikplatte und Ablaufstutzen, Bürette, Druckregeler, Manometer, Pumpe, Schläuche, Trockenschrank, Exsikkator mit Trockenmittel, Analysenwaage, Wägeschälchen und Gaze (Gewebe mit bestimmten Eigenschaften).

---

[8] Vgl. Barsch et al. 2000, S. 310 - 321
[9] Barsch et al. 2000, S. 314

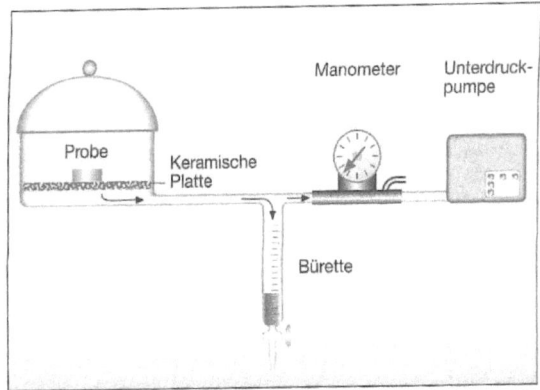

Barsch et al. 2000 S. 314

Abb.5.7 Unterdruckmethode

Nach Prüfung der Apparatur auf Funktionsfähigkeit, wird die Filterplatte bis zur Übersättigung mit Wasser in Berührung gebracht. Bevor der Vorgang bei der ungestörten Bodenprobe wiederholt wird, wird dessen Unterseite mit einem undurchlässigen Gewebe verschlossen, sodass kein Wasser austreten kann. Anschließend wird die Probe etwa 1 cm tief in Wasser gestellt, welches ungehindert die Probe eintreten kann.

Der Messvorgang als solcher beginnt mit der wassergesättigten Bodenprobe, welche auf die Filterplatte der Apparatur gestellt. Über eine Pumpe wird ein Unterdruck hergestellt, welcher exakt eingestellt wird. Das der Bodenprobe entzogene Wasser wird in einer Bürette aufgefangen und abgelesen. Als nächsten Schritt wird der von der Pumpe ausgehende Unterdruck erhöht und die Messung wiederholt. Die Differenz gibt das Wasservolumen an, welches in dem Spannungsbereich gebunden werden kann. Der Vorgang wird beliebig oft wiederholt. Nach der Messung wird die Bodenprobe bei 105°C getrocknet, bis ein konstantes Gewicht erreicht wird, um den noch gebundene Restwassergehalt zu ermitteln. Dieser letzte Schritt ist notwendig, um den Wassergehalt bei den zuvor untersuchten Saugspannungsbereichen durch Berechnung zu ermitteln.

Formel zur Berechnung des Restwassergehaltes (W_{VR}) bei pF-Wert 2,2:

W_{VR} [Vol-%] = [($m_1 - m_2$) / V] x 100

Formel zur Berechnung des Wassergehaltes (W_V) bei pF-Werten bis 2,2:

W_V [Vol-%] = {[($m_1 - m_2$) + (g − f)] / V } x 100

9

m_1 = Masse der Probe nach der letzten Saugspannungseinstellung

m_2 = Masse der Probe nach Trocknung

g = in der Bürette aufgefangenes Wasser der jeweils letzten Saugspannungseinstellung

f = in der Bürette aufgefangenes Wasser der jeweils vorherigen Saugspannungseinstellung

V = Volumen der Bodenprobe

Die *Überdruckmethode* eignet sich für die Bestimmung von Saugspannungen zwischen einem pF-Wert von 2,2 und 4,2.

Ebenfalls wie bei der Unterdruckmethode wird bei dieser Methode die Wasserbindung im ungesättigten Boden etappenweise geändert. An der diesmal gestörten Bodenprobe wird in einer Apparatur ein Überdruck erzeugt. Diese Druckmembranapparatur setzt sich zusammen aus einem Drucktopf, der von zwei Druckplatten umhüllt ist. Zwischen den Platten und dem Topf liegt ein Membranfilter auf einer Filterpapierunterlage. Wie auch bei der Unterdruckmethode sind beide Materialien im wassergesättigtem Zustand wasserdurchlässig aber luftundruchlässig. Auf den Membranfilter wird die Bodenprobe befestigt. Der Überdruck wird beispielsweise durch einen Kompressor bewirkt.[10]

Es ergibt sich eine Liste der benötigten Geräte, die sich zusammensetzt aus Druckmembranapparatur mit Ventil, Ab-und Zulaufstutzen, Kompressor mit Manometer und Dosierungsventil, Schlauchverbindungen, Stechzylinder, flache Probenringe, breite Spachtel, Spritzflasche, Messzylinder, Analysenwaage, Wägeschälchen, Trockenschrank und einem Exsikkator mit Trockenmittel.

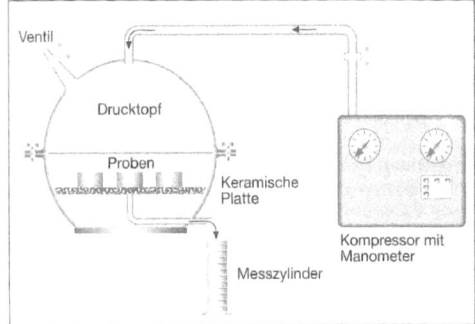

Barsch et al. 2000 Abb. 5.8

Überdruckmethode

---

[10] Vgl. Barsch et al. 2000, S. 310 - 321

Auch bei dieser Messung wird die Apparatur zunächst überprüft und danach der Membranfilter mit Wasser gesättigt. Bei der zuvor durch die Unterdruckmethode untersuchte Stechzylinderprobe wird die Rohdichte ({d_t [g / cm^3] = (m_t − T) / V})ermittelt. Ein Teil dieser Bodenprobe wird in der Druckmembranapparatur in einem Kunststoffring angebracht. Diese werden dicht auf den Membranfilter gestellt und bewässert. Zur Messung wird der Drucktopf verschlossen.

Der Messvorgang besteht aus der Einstellung des Kompressors auf die gewünschte Druckstufe und zum Drucktopf weitergeleitet. Fließt kein Wasser mehr aus der Probe, wird das Ventil an der Apparatur geöffnet, sodass der Druck unterbrochen wird. Anschließend werden die Proben entnommen und gewogen. Das Gewicht mit dem dazugehörigen Druck wird notiert. Der Vorgang wird mit erhöhtem Druck bis zu einem Wert von 1,5MPa (etwa 4,2 pF) wiederholt. Danach wird die Restwassermenge nach gleichem Vorgehen wie bei der Unterdruckmethode berechnet.

Formel zur Berechnung des Wassergehaltes [Vol. -%] bei pF-Werten von 2,2 − 4,2

$$W_v \text{[Vol-\%]} = [(m_1 − m_2) / V)] \times 100 = [(m_1 − m_2) / m_2] \times d_t \times 100$$

m_1 = Masse der Probe nach Entnahme aus dem Drucktopf

m_2 = Masse der getrockneten Probe

V = Volumen der Probe

d_t = trockene Rohdichte

Eine weitere Methode ist die Methode des *Dampfdruckausgleichs*. Hierbei wird die Bodenprobe mit Schwefelsäue in verschiedener Konzentration ins Dampfdruckgleichgewicht gebracht. Dabei wird ausgenutzt, dass „je größer die Konzentration der Schwefelsäure ist, desto niedriger ist der Dampfdruck über der Schwefelsäure in Relation zum Dampfdruck über dem Boden"[11]. Dabei wird dem Boden Wasser bis zu einem bestimmten Saugspannungswert abgesaugt. Beispielsweise lässt 3,3 Vol.-% H_2SO_4 auf einen pF Wert von 4,5 schließen und 30 Vol.-% H_2SO_4 auf einen Wert von 5,6 usw. Zur Durchführung der Methode wird ein Vakuumsexsikator, eine Vakuumpumpe, ein Aufstellblock für die Bodenprobe, eine Wägeschale, eine Spritzflasche, eine Analysenwaage, ein Trockenschrank, ein Exsikkator mit Trockenmittel, Schwefelsäure (H_2SO_4) und entionisiertes Wasser benötigt. Das Gleichgewicht wird in einem Vakuumsexiskkator bei konstantem Gewicht erreicht. Die Bestimmung wird durchgeführt, in dem man eine bestimmte Masse (etwa 15g) lufttrockene Feinerde werden in einem Wägeschälchen, bekannter Masse, mit entionisiertem Wasser leicht

---

[11] Barsch et al. 2000, S. 318

bewässert. Anschließend wird die Probe umgehend in einen Vakuumsexsikkator gestellt, welcher mit einer bekannten Konzentration Schwefelsäure beschickt ist. Dieser wird fest verschlossen.

Nach 2 Tagen wird die Säure gewechselt. Nach 4 Tagen kann die erste Wägung stattfinden. Die nächsten sollten dann täglich folgen. Dabei ist zu beachten, dass das Vakuum nach jeder Entnahme neu hergestellt werden muss. Bei Gewichtskonstanz der Proben wird eine Konzentrationserhöhung durchgeführt. Nach diesen Schritten wird zuletzt die Probe bei 105°C getrocknet und anschließend gewogen. Zur Auswertung der Ergebnisse, dient die Formel der Überdruckmethode.

Weiterhin eignet sich die bereits erläuterte Methode der *Tensiometrie* für die Ermittlung der Saugspannung.[12]

3. Wasserleitfähigkeit

3.1 Allgemeine Erläuterung des Begriffs

Die Wasserleitfähigkeit beschreibt das Ausmaß und die Richtung des Wassersflusses im Boden. Ein Wasserfluss tritt auf, sofern der Boden wassergesättigt ist und ein unterschiedliches Wasserpotential aufzeigt. Wasserpotential ist die Summe von partiellen Bodenwasserpotentialen wie Gravitationspotential (Einfluss der Gravitation) Druckpotential (Einfluss des Druckgradienten), Matrixpotential (Einfluss der Bodenmatrix) und osmotisches Potential (Einfluss von gelösten Salzen). „Nach DARCY (5.28) besteht in einer mit Wasser gesättigten Bodensäule ein linearer Zusammenhang zwischen dem Bodenwasserfluss (q), dem Potentialgefälle (dΨ) pro Längeneinheit (ds), dem Potentialgradient und der Wasserleitfähigkeit (kf) des durchströmten Bodens"[13]. So lautet die dazugehörige Formel:

$$q = kf \times d\Psi/ds$$

Die Wasserleitfähigkeit eines Bodens ist außerdem abhängig vom Porenraum, der Porengrößenverteilung, der Porenfüllung, der Form und Verbindung der Poren untereinander, vom Bodengefüge und von der organischen Substanz abhängig. Darüber hinaus kann über die Wasserleitfähigkeit Aussagen über Wasserdynamik, Transfer-und Filtereigenschaften im Boden, über Erosionsanfälligkeit und Dränbarkeit des Bodens getroffen werden.

---

[12] Vgl. Barsch et al. 2000, S. 310 - 321
[13] Barsch et al. 2000, S.320

3.2 Methoden zur Bestimmung der Wasserleitfähigkeit

Die Ermittlung der Wasserleitfähigkeit geschieht über wassergesättigte ungestörte und feldfrische Bodenproben. Dabei dürfen die Proben keine Randstörungen an der Unter- und Oberseite aufweisen, sondern raue, natürliche Bruchflächen besitzen. Die Bodenprobe wird mit „entlüftetem (abgestandenem oder gekochtem), elektrolytarmen und raumtemperiertem Wasser gesättigt."[14] Zu den Geräten zählt ein Stechzylinder, Gefäße für Vorbereitung und Messung, Wasservorratsgefäße, eine Fliterplatte, ein Messzylinder, Klebeband (zur Isolierung), ein Schöpfgefäß, eine Stoppuhr und Gaze.

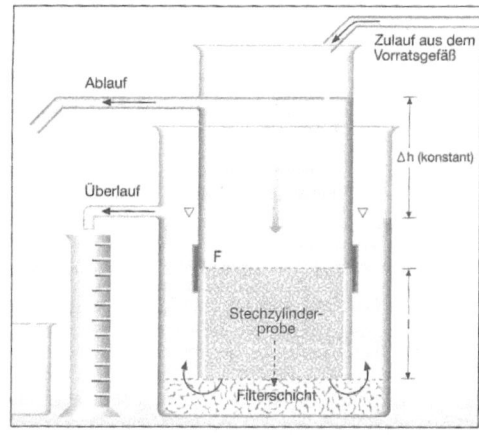

Barsch et al. 2000 S.310 Abb. 5.6

Apparatur zur Messung der Wasserleitfähigkeit

Dazu wird die Probe mit Filterplatte ca. 1 cm tief in Wassergestellt, sodass die Probe damit in Berührung kommt. Sobald eine kapillare Sättigung an der Oberseite der Stechzylinderprobe zu erkennen ist, werden beide Seiten mit Gaze verschlossen und in einer Messapparatur befestigt. Hier wird der Wasserspiegel erneut langsam erhöht, bis die Probe eine völlige Wassersättigung aufweist. Die Probe wird nun in einem deutlich größeren Gefäß mit Überlauf platziert, welches mit einer am Boden Filterschicht ausgestattet ist. Auf der Stechzylinderprobe wird ein Niveaugefäß gestellt und an den äußeren Rändern abgedichtet. Die Probe wird mit Wasser gesättigt, indem langsam Wasser bis zum oberen Rand des Stechzylinders Wasser gefüllt wird. „Die Messung kann nach weiteren 10 Minuten beginnen, wenn sich über dem Zufluss ein konstanter Durchlauf eingestellt hat. Am Überlauf steht ein Messkolben bereit, der die durchgesickerte Wassermenge (V) während der

---

[14] Ebd.

Messung aufnimmt."[15] Messgegenstand ist die durchlaufende Wassermenge in einer Zeitspanne und einem Druckgradienten. Dieser Vorgang wird so lange wiederholt, bis die Sickergeschwindigkeit konstant geworden ist.

Formel zur Berechnung der Durchlässigkeitsbeiwert [cm/s] bei stationärer Strömung:

kf [cm/s] = [V / (Fxt)] x (l / Δh)

V = perkolierende Wassermenge

F = Fließquerschnitt des Stechzylinders

t = Messzeit des Wasserdurchflusses

l = Höhe der Bodensäule

Δh = hydraulische Druckdifferenz

Bei weiteren Methoden zur Messung der Wasserleitfähigkeit unterscheidet man zunächst die gesättigte und die ungesättigte Leitfähigkeit. Die gesättigte Leitfähigkeit kann zusätzliche durch stationäre und nicht-stationäre Strömungen gemessen werden. Die ungesättigte Leitfähigkeit kann zusätzlich mit Doppelmembranapparaten mit porösen Platten. Darüber hinaus lässt sich die Leitfähigkeit mit Feldgeräten direkt im Gelände ermitteln.[16]

4.Bodenluft

4.1 Allgemeine Erläuterung des Begriffs

Als Bodenluft wird die gasförmige Phase des Bodens bezeichnet. Sie wirkt zum Einen als ökologischer Standortfaktor, als Vorrausetzung für die Atmung der Pflanzenwurzeln und Mikroorganismen, als auch als pedogenetischer Faktor bei der Bodenentwicklung. Hierbei ist sie Steuerungsmechanismus der Oxidations-und Reduktions-Vorgänge.[17]

Alle im Boden vorhandenen Poren sind entweder mit Wasser, oder mit Luft gefüllt. Bei einer völligen Wassersättigung des Bodens liegt der prozentuale Anteil von Luft bei 0%. Während das Wasser dazu neigt, sich aufgrund der Erdbeschleunigung am unteren Abschnitt des Porenraums zu sammeln, wird hier die Luft zum oberen Abschnitt des Porenraumes verdrängt. „Die Menge der in einem

---

[15] Barsch et al. 2000, S. 321
[16] Vgl. Barsch et al. 2000, S. 310 - 321
[17] Vgl. Blum 1992, S. 55

bestimmten Boden in einer bestimmten Tiefe vorhandenen Luft ist also vom Wassergehalt und daher vom Wasserhaushalt bestimmenden Bodeneigenschaften und Umgebungsbedingungen abhängig."[18] Die ausschlaggebenden Faktoren der Bodenluft sind somit Porenvolumen und die Größenverteilung der Poren. Diese werden wiederum durch anthropogene, geologische und biologische Einflüssen gelenkt, sodass der „Luftinhalt von Böden eine innerhalb weiter Grenzen variable Größe"[19] (etwa von 0 – 40%). Aus diesem Grund entspricht die gasförmige Komponente des Bodes nicht der atmosphärischen Luft. Zwar ist die Zusammensetzung Sauerstoff, Kohlenstoffdioxid und Stickstoff die gleiche, allerdings lässt sich ein geringer Sauerstoffwert gegenüber einem erhöhten Kohlenstoffdioxidwert feststellen und einer hohen Luftfeuchte. Die Atmosphärische Luft besteht im Durchschnitt aus 20,95% Sauerstoff, 0,03% Kohlenstoffdioxid und zu 79,0% Stickstoff. Die Bodenluft setzt sich aus etwa 20,6% Sauerstoff, ca. 0,2% Kohlenstoffdioxid und ebenfalls 79% Stickstoff zusammen.[20] Das veränderte Verhältnis von Kohlenstoffdioxid und Sauerstoff lässt sich durch die Lebensvorgänge von Kleinstlebewesen und Vegetation erklären, wobei der Verbrauch von Sauerstoff zwar gleich bleibt, aber die Luft nur langsam ausgetauscht werden kann. Außerdem werden im Zuge der mikrobiologischen Vorgänge weitere Gase wie beispielsweise Methan und Distickstoffoxid gebildet.[21]

Der Gasaustausch von Bodenluft und Atmosphäre wird als „Bodenatmung" benannt. Grund dafür ist der Druckgradient zwischen atmosphärischer Luft und Bodenluft, der dem Austatsch Dynamik verleiht. „Überwiegend spielen dabei Diffusionsvorgänge aufgrund unterschiedlicher Partialdrücke der Luftkomponenten O_2 und CO_2 eine Rolle. Da der O_2-Partialdruck in der Atmosphäre höher und der CO_2-Partialdruck niedriger ist als in der Bodenluft, diffundiert O_2 aus der Atmosphäre in den Boden und CO_2 aus dem Boden in die Atmosphäre. Die Diffusionsgeschwindigkeit hängt vom jeweiligen Bodengefüge ab."[22]. Zu geringen Teilen beruht die Bodenatmung weiterhin auf Temperaturdifferenzen, Luftdruckschwankungen und Winddruck. Wie schon oben erwähnt, ist die Bodenatmung von den Eigenschaften und vor allem von dem Vorkommen luftführender Poren abhängig, also von den Korngrößen, dem Gefüge und dem Wassergehalt des Bodens. So eignet sich ein grobporiges Bodengefüge eher für aerobe Bodenorganismen, da die Durchlüftung besser ist.[23]

4.2. Methoden zur Bestimmung der Bodenluft

---

[18] Scheffer et al. 2002 S. 248
[19] Ebd.
[20] Vgl. Blum 1992 S. 56
[21] Vgl. Scheffer et al. 2002, S. 249
[22] http://www.hypersoil.uni-muenster.de/0/03/05.htm
[23] Vgl. http://www.hypersoil.uni-muenster.de/0/03/05.htm

Die unterschiedliche Konzentrationszusammensetzung von Böden muss bei einem Messverfahren zur Bodenluft unbedingt beachtet werden.

Die Bestandteile der Bodenluft, also eine qualitative Analyse, können ermittelt werden, indem das Absorptionsverhalten von elektromagnetischer Strahlung aus dem Infrarotbereich beobachtet wird um darüber die vorhandenen Gase zu identifizieren. Es handelt sich dabei um die Methode der Infrarotspektroskopie mittels eines NDIR-Photometers (Nichtdispersive Infrarot-Absorption).

Es empfiehlt sich eine Kopplung mit einer zweiten Methode, der Massenspektroskopie, welche der Bestimmung der Molekülmassen dient. Dabei werden die Moleküle ionisiert und nach einigen Zwischenschritten über einen Analysator in ein Masse-Ladungs-Verhältnis gesetzt. Bei der Kopplung dieser Methoden ist allerdings eine Trennung der einzelnen Moleküle von Nöten. [24]

5. Schluss

In der Hausarbeit sollten die Begriffe und die dazugehörigen Methoden zur Bestimmung zur Geltung kommen. Dabei fiel auf, dass ins Besondere bei den Methoden ein hohes Grundwissen an physikalischen und chemischen Gesetzen von Nöten ist. Erwähnenswert ist außerdem, dass bei jeder einzelnen Methode spezielle fachliche Ausstattung unabdingbar ist.

6. Glossar:

Gravimetrisch – auf das Gewicht bezogen

Volumetrisch – auf das Volumen bezogen

Oszillator – schwingungsfähiges Gerät

Feldkapazität – Wassermenge, die ein Boden gegen die Schwerkraft halten kann

Dränbarkeit – freie Beweglichkeit von Wasser

7. Literaturverzeichnis

BARSCH,H., BILLWITZ, K., BORK,H.-R. (2000): Arbeitsmethoden in Physiogeographie und Geoökologie; Gotha, Stuttgart: Klett.

BLUM,W.E.-H. (1992): Bodenkunde in Stichworten; Hirt Verlag: Stuttgart

KUNTZE,H., ROESCHMANN,G., SCHWERDTFEGER G. (1988): Bodenkunde; UTB Ulmer Verlag: Stuttgart

MARCINEK, J., ROSENKRANZ,E. (1996): Das Wasser der Erde; Justus Perthes Verlag: Gotha

---

[24] Vergl. Schmidt http://www.igw.uni-jena.de/angeol/aktuelles/gelaendeseminar/2004/laacher_see_pdf/AnalyseBodenluft.pdf

MCKNIGHT,T.-L., HESS,D (2009): Physische Geographie; Pearson Studium, München.

SCHEFFER,F., SCHACHTSCHABEL,P. (2002): Lehrbuch der Bodenkunde; Springer Verlag: Berlin, Heidelberg

Schmidt,H.: Analyse der Bodenluft; Universität Jena.
URL: http://www.igw.uni-
jena.de/angeol/aktuelles/gelaendeseminar/2004/laacher_see_pdf/AnalyseBodenluft.pdf
(Zugriff 13.09.2010)

STRAHLER, A.H., STRAHLER, A.N. (2005): Physische Geographie; UTB Ulmer Verlag: Stuttgart

Sonstige Internetquellen:

http://www.hypersoil.uni-muenster.de/0/03/05.htm (Zugriff: 12.09.2010)

http://www.myss.de/science/bodenwasser.html (Zugriff: 12.09.2010)